广东省突发气象灾害预警信号及防御指引
（2014版图标）

Guangdong Sheng Tufa Qixiang Zaihai Yujing Xinhao ji Fangyu Zhiyin（2014 Ban Tubiao）

广东省气象局　编

图书在版编目（CIP）数据

广东省突发气象灾害预警信号及防御指引：2014版图标／广东省气象局编．—北京：气象出版社，2017.2
　ISBN 978-7-5029-6114-5

Ⅰ．①广… Ⅱ．①广… Ⅲ．①气象灾害－预警系统－广东②气象灾害－灾害防治－广东　Ⅳ．① P429

中国版本图书馆 CIP 数据核字（2017）第 036694 号

广东省突发气象灾害预警信号及防御指引（2014版图标）

出版发行：气象出版社
地　　址：北京市海淀区中关村南大街 46 号　　邮政编码：100081
电　　话：010-68407112（总编室）010-68408042（发行部）
网　　址：http://www.qxcbs.com　　　　E - m a i l：qxcbs@cma.gov.cn
责任编辑：邵　华　　　　　　　　　　　终　　审：吴晓鹏
封面设计：符　赋　　　　　　　　　　　责任技编：赵相宁
版式设计：李勤学
印　　刷：北京中科印刷有限公司
开　　本：889 mm×1194 mm　1/32
字　　数：50 千字　　　　　　　　　　　印　　张：1.25
版　　次：2017 年 2 月第 1 版　　　　　　印　　次：2017 年 2 月第 1 次印刷
定　　价：10.00 元

本书如存在文字不清、漏印以及缺页、倒页、脱页等，请与本社发行部联系调换。

　　《广东省突发气象灾害预警信号发布规定》(2006年广东省人民政府令第105号,以下简称105号令)自2006年6月施行,在规范突发性气象灾害预警信号发布、指导全社会防御气象灾害等方面发挥了积极作用。

　　2014年,有关政协委员和基层群众反映,2006年版气象灾害预警信号图标不够清晰易懂,建议改进。

　　为更好地服务社会公众,增强预警信号的发布效果,使广东省突发气象灾害预警信号图标更加清晰易懂、指示明确,并与国家有关规定相一致,经综合各方意见,改进后的新版预警信号图标——2014版突发气象灾害预警信号图标于2015年1月1日正式启用。

　　新版预警信号图标由代表气象灾害种类的图形符号、中英文文字和代表预警信号颜色的中文文字组成,呈长方形,长与宽之比为6:5。左上部是气象灾害种类的图形符号,颜色为信号颜色,底色为浅灰色;右上部是气象灾害种类的中文文字,底色为信号颜色；左下部是预警信号颜色的中文名称，右下部是气象灾害种类的英文文字，底色均为信号颜色。除蓝色预警信号图标中的中英文文字颜色为白色，其他图标中的中英文文字颜色均为黑色。

公众对突发气象灾害预警的应用水平和自主防灾意识的培育，关乎着突发气象灾害预警是否能真正起到实效。让我们共同努力，积极组织开展突发气象灾害预警信号新图标和遇台风、暴雨极端天气学校停课的科普宣传，普及气象防灾减灾知识，增强社会公众的防灾减灾意识，提高公众自救、互救能力。

前 言

一、台风预警信号 ………………………………………… 1
二、暴雨预警信号 ………………………………………… 6
三、高温预警信号 ………………………………………… 9
四、寒冷预警信号 ………………………………………… 12
五、大雾预警信号 ………………………………………… 15
六、灰霾天气预警信号 …………………………………… 18
七、雷雨大风预警信号 …………………………………… 19
八、道路结冰预警信号 …………………………………… 23
九、冰雹预警信号 ………………………………………… 26
十、森林火险预警信号 …………………………………… 28

附录 A 获取广东省突发气象灾害预警信号等
　　　　气象服务产品主要渠道 ……………………… 31
附录 B 气象热线电话与急救电话 ……………………… 32
附录 C 公共气象服务天气图形符号 …………………… 33

一、台风预警信号

一、台风预警信号

台风预警信号分五级,分别以白色、蓝色、黄色、橙色和红色表示。

(一)台风白色预警信号

图标:

含义:48 小时内可能受热带气旋*影响。

1. 警惕热带气旋对当地的影响。

2. 注意收听、收看有关媒体的报道或通过气象咨询电话等气象信息传播渠道了解热带气旋的最新情况,以决定或修改有关计划。

---

* 热带气旋是发生在热带或副热带洋面上的低压涡旋,是一种强大而深厚的热带天气系统。我国把西北太平洋和南海的热带气旋按其底层中心附近最大平均风力(风速)大小划分为6个等级,其中风力为12~13级的称为台风,14~15级的为强台风,16级或以上的为超强台风。

（二）台风蓝色预警信号

图标：

含义：24小时内可能受热带气旋影响，平均风力可达6级以上，或阵风7级以上；或者已经受热带气旋影响，平均风力为6～7级，或阵风7～8级并可能持续。

1. 做好防风准备。
2. 注意有关媒体报道的热带气旋最新消息和有关防风通知。
3. 固紧门窗、围板、棚架、临时搭建物，妥善安置易受热带气旋影响的室外物品。

其他同台风白色预警信号。

（三）台风黄色预警信号

图标：

含义：24小时内可能受热带气旋影响，平均风力可达8级以上，或阵风9级以上；或者已经受热带气旋影响，平均风力为8～9级，或阵风9～10级并可能持续。

防御指引

1. 进入防风状态，中小学校、幼儿园、托儿所停课，未启程上学的学生不必到校上课；仍在上学、放学途中的学生应在安全情况下回家或就近到安全场所暂避；学校应妥善安置在校（含校车上、寄宿）学生。

2. 关紧门窗，处于危险地带和危房中的居民以及船舶，应到避风场所避风，高空、水上等户外作业人员应停止作业，危险地带工作人员需撤离。

3. 相关应急处置部门和抢险单位加强值班，密切监视灾情，落实应对措施。

4. 切断霓虹灯招牌及危险的室外电源。

5. 停止露天集体活动，立即疏散人员。

其他同台风蓝色预警信号。

（四）台风橙色预警信号

图标：

含义：12小时内可能受热带气旋影响，平均风力可达10级以上，或阵风11级以上；或者已经受热带气旋影响，平均风力为10～11级，或阵风11～12级并可能持续。

防御指引

1. 进入紧急防风状态，中小学校、幼儿园、托儿所停课，海上作业人员撤离至安全区域，在渔港停泊的大马力渔船上的值班人员应当加强自我防护，并按有关规定操作。
2. 居民切勿随意外出，确保老人小孩留在家中最安全的地方。
3. 停止室内大型集会，立即疏散人员。
4. 加固港口设施，防止船只走锚、搁浅和碰撞。

其他同台风黄色预警信号。

一、台风预警信号

（五）台风红色预警信号

图标：

含义：12小时内可能或者已经受台风影响，平均风力可达12级以上，或者已达12级以上并可能持续。

防御指引

1. 进入特别紧急防风状态，中小学校、幼儿园、托儿所停课，建议用人单位停工（特殊行业除外），并为滞留人员提供安全的避风场所。

2. 人员应尽可能待在防风安全的地方，相关应急处置部门和抢险单位随时准备启动抢险应急方案。

3. 当台风中心经过时风力会减小或静止一段时间，切记强风又将会突然吹袭，应继续留在安全处避风。

其他同台风橙色预警信号。

二、暴雨预警信号

暴雨预警信号分三级，分别以黄色、橙色、红色表示。

（一）暴雨黄色预警信号

图标：

含义：6小时内本地将可能有暴雨发生，或者强降水将可能持续。

1. 家长、学生、学校要特别关注天气变化，采取防御措施。
2. 收盖露天晾晒物品，相关单位做好低洼、易受淹地区的排水防涝工作。
3. 驾驶人员应注意道路积水和交通阻塞，确保安全。
4. 检查农田、鱼塘排水系统，降低易淹鱼塘水位。

二、暴雨预警信号

（二）暴雨橙色预警信号

图标：

含义：在过去的3小时，本地降雨量已达50毫米以上，且雨势可能持续。

防御指引

1. 暂停在空旷地方的户外作业，尽可能停留在室内或者安全场所避雨。
2. 相关应急处置部门和抢险单位加强值班，密切监视灾情，切断低洼地带有危险的室外电源，落实应对措施。
3. 交通管理部门应对积水地区实行交通引导或管制，城市管理部门启动城市积涝应急程序，加强疏通地下排水管道，防止城市内涝。
4. 转移危险地带人员以及危房居民到安全场所避雨。

其他同暴雨黄色预警信号。

广东省突发气象灾害预警信号及防御指引（2014版图标）

（三）暴雨红色预警信号

图标：

含义： 在过去的3小时，本地降雨量已达100毫米以上，且降雨可能持续。

防御指引

1. 中小学校、幼儿园、托儿所停课，未启程上学的学生不必到校上课；上学、放学途中的学生应在安全情况下回家或就近到安全场所暂避；学校应保障在校（含校车上、寄宿）学生的安全。
2. 处于危险地带的单位应停业，立即转移人员到安全场所暂避。
3. 人员应留在安全处所，户外人员应立即到安全的地方暂避。
4. 相关应急处置部门和抢险单位随时准备启动抢险应急方案。
其他同暴雨橙色预警信号。

三、高温预警信号

高温预警信号分三级,分别以黄色、橙色、红色表示。

(一)高温黄色预警信号

图标: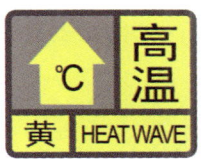

含义: 天气闷热。一般指24小时内最高气温将接近或达到35 ℃或已达到35 ℃以上。

防御指引

1. 天气闷热,要注意防暑降温。
2. 避免长时间户外或者高温条件下作业。
3. 各相关部门、单位做好用电、用水的准备工作。
4. 媒体应加强防暑降温保健知识的宣传。

（二）高温橙色预警信号

图标：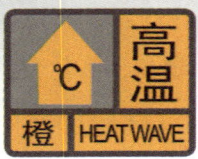

含义：天气炎热。一般指24小时内最高气温将要升至37 ℃以上。

防御指引

1. 尽量避免午后高温时段的户外活动，对老、弱、病、幼人群提供防暑降温指导，并采取必要的防护措施，有条件的地区应当开放避暑场所。

2. 有关部门应注意防范因用电量过高，电线、变压器等电力设备负载大而引发火灾。

3. 户外活动或者在高温条件下的作业人员应当采取必要的防护措施。

4. 注意作息时间，保证睡眠，必要时准备一些常用的防暑降温药品。

5. 媒体应加强防暑降温保健知识的宣传，各相关部门、单位落实防暑降温保障措施。

6. 有关部门应当加强食品卫生安全监督检查。

三、高温预警信号

（三）高温红色预警信号

图标：

含义：天气酷热。一般指24小时内最高气温将要升到39 ℃以上。

1. 注意防暑降温，白天尽量减少户外活动。
2. 有关部门要特别注意防火。
3. 建议停止户外露天作业。

其他同高温橙色预警信号。

四、寒冷预警信号

寒冷预警信号分三级，分别以黄色、橙色、红色表示。

（一）寒冷黄色预警信号

图标：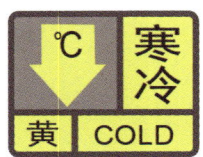

含义：预计因北方冷空气侵袭，当地气温在 24 小时内急剧下降 10 ℃以上，或日平均气温维持在 12 ℃以下。

1. 人员要注意添衣保暖，热带作物及水产养殖品种应采取一定的防寒和防风措施。
2. 固紧门窗、围板、棚架、临时搭建物等易被大风吹动的搭建物，妥善安置易受寒潮大风影响的室外物品。
3. 要留意有关媒体报道大风降温的最新信息，以便采取进一步措施。
4. 在生产上做好对寒潮大风天气的防御准备。

四、寒冷预警信号

（二）寒冷橙色预警信号

图标：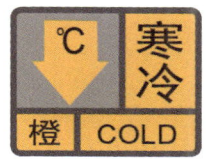

含义：预计因北方冷空气侵袭，当地最低气温将降到 5 ℃ 以下。

防御指引

1. 做好人员（尤其是老弱病人）的防寒保暖工作。
2. 做好牲畜、家禽的防寒防风，对热带、亚热带水果及有关水产、农作物等种养品种采取防寒措施。

其他同寒冷黄色预警信号。

(三）寒冷红色预警信号

图标：

含义：预计因北方冷空气侵袭，当地最低气温将降到 0 ℃以下。

防御指引

1. 加强人员（尤其是老弱病人）的防寒保暖工作。
2. 进一步做好牲畜、家禽的防寒保暖工作。
3. 农业、水产业、畜牧业等要积极采取防霜冻、冰冻措施，尽量减少损失。

其他同寒冷橙色预警信号。

五、大雾预警信号

大雾预警信号分三级，分别以黄色、橙色、红色表示。

（一）大雾黄色预警信号

图标：

含义：12小时内可能出现能见度小于500米的浓雾，或者已经出现能见度小于500米、大于或等于200米的浓雾且可能持续。

1. 驾驶人员注意浓雾变化，小心驾驶。
2. 机场、高速公路、轮渡码头注意交通安全。

（二）大雾橙色预警信号

图标：

含义：6小时内可能出现能见度小于200米的浓雾，或者已经出现能见度小于200米、大于或等于50米的浓雾且可能持续。

1. 浓雾使空气质量明显降低，居民需适当防护。
2. 由于能见度较低，驾驶人员应控制速度，确保安全。
3. 机场、高速公路、轮渡码头采取措施，保障交通安全。

五、大雾预警信号

(三) 大雾红色预警信号

图标：

含义：2小时内可能出现能见度低于50米的强浓雾，或者已经出现能见度低于50米的强浓雾且可能持续。

防御指引

1. 受强浓雾影响地区的机场暂停飞机起降，高速公路和轮渡暂时封闭或者停航。
2. 各类机动交通工具采取有效措施保障安全。

六、灰霾天气预警信号

灰霾预警信号，以黄色表示。

图标：

含义： 12小时内可能出现灰霾天气，或者已经出现灰霾天气且可能持续。

1. 灰霾造成能见度较差，驾驶人员应注意小心驾驶。
2. 灰霾使空气质量明显降低，居民需适当防护。
3. 有呼吸疾病的患者尽量避免外出，外出时可戴上口罩。

七、雷雨大风预警信号

雷雨大风预警信号分四级，分别以蓝色、黄色、橙色、红色表示。

（一）雷雨大风蓝色预警信号

图标：

含义：6小时内可能受雷雨大风影响，平均风力可达到6级以上，或阵风7级以上并伴有雷电；或者已经受雷雨大风影响，平均风力已达到6～7级，或阵风7～8级并伴有雷电，且可能持续。

防御指引

1. 做好防风、防雷电准备。

2. 注意有关媒体报道的雷雨大风最新消息和有关防风通知，学生停留在安全地方。

3. 把门窗、围板、棚架、临时搭建物等易被风吹动的搭建物固紧，人员应当尽快离开临时搭建物，妥善安置易受雷雨大风影响的室外物品。

（二）雷雨大风黄色预警信号

图标：

含义：6小时内可能受雷雨大风影响，平均风力可达8级以上，或阵风9级以上并伴有强雷电；或者已经受雷雨大风影响，平均风力达8～9级，或阵风9～10级并伴有强雷电，且可能持续。

防御指引

1. 妥善保管易受雷击的贵重电器设备，断电后放到安全的地方。
2. 危险地带和危房居民以及船舶，应到避风场所避风，千万不要在树下、电线杆下、塔吊下避雨，出现雷电时应当关闭手机。
3. 切断霓虹灯招牌及危险的室外电源。
4. 停止露天集体活动，立即疏散人员。
5. 高空、水上等户外作业人员停止作业，危险地带人员撤离。
其他同雷雨大风蓝色预警信号。

七、雷雨大风预警信号

(三) 雷雨大风橙色预警信号

图标：

含义：2小时内可能受雷雨大风影响，平均风力可达10级以上，或阵风11级以上，并伴有强雷电；或者已经受雷雨大风影响，平均风力为10～11级，或阵风11～12级并伴有强雷电，且可能持续。

1. 人员切勿外出，确保留在最安全的地方。
2. 相关应急处置部门和抢险单位随时准备启动抢险应急方案。
3. 加固港口设施，防止船只走锚和碰撞。

其他同雷雨大风黄色预警信号。

（四）雷雨大风红色预警信号

图标：

含义：2小时内可能受雷雨大风影响，平均风力可达12级以上并伴有强雷电；或者已经受雷雨大风影响，平均风力为12级以上并伴有强雷电，且可能持续。

防御指引

1. 进入特别紧急防风状态。
2. 相关应急处置部门和抢险单位随时准备启动抢险应急方案。

其他同雷雨大风橙色预警信号。

八、道路结冰预警信号

八、道路结冰预警信号

道路结冰预警信号分三级，分别以黄色、橙色、红色表示。

（一）道路结冰黄色预警信号

图标：

含义： 12小时内可能出现对交通有影响的道路结冰。

1. 交通、公安等部门要做好应对准备工作。
2. 驾驶人员应注意路况，安全行驶。

(二)道路结冰橙色预警信号

图标:

含义:6小时内可能出现对交通有较大影响的道路结冰。

1. 行人出门注意防滑。
2. 公安等部门注意指挥和疏导行驶车辆。
3. 驾驶人员应采取防滑措施,听从指挥,慢速行驶。

其他同道路结冰黄色预警信号。

八、道路结冰预警信号

(三)道路结冰红色预警信号

图标:

含义:2小时内可能出现或者已经出现对交通有很大影响的道路结冰。

1. 相关应急处置部门随时准备启动应急方案。
2. 必要时关闭结冰道路交通。

其他同道路结冰橙色预警信号。

九、冰雹预警信号

冰雹预警信号分二级，分别以橙色、红色表示。

（一）冰雹橙色预警信号

图标：

含义：6小时内可能出现冰雹伴随雷电天气，并可能造成雹灾。

1. 注意天气变化，做好防雹和防雷电准备。
2. 妥善安置易受冰雹影响的室外物品、小汽车等。
3. 老人、小孩不要外出，留在家中。
4. 将家禽、牲畜等赶到带有顶篷的安全场所。
5. 不要进入孤立的棚屋、岗亭等建筑物或大树底下，出现雷电时应当关闭手机。
6. 做好人工消雹的作业准备并伺机进行人工消雹作业。

九、冰雹预警信号

（二）冰雹红色预警信号

图标：

含义：2小时内出现冰雹伴随雷电天气的可能性极大，并可能造成重雹灾。

防御指引

1. 户外行人立即到安全的地方暂避。
2. 相关应急处置部门和抢险单位随时准备启动抢险应急方案。

其他同冰雹橙色预警信号。

十、森林火险预警信号

森林火险预警信号分三级,以黄色、橙色、红色表示。

(一)森林火险黄色预警信号

图标:

含义: 森林火险等级为三级。中度危险,林内可燃物较易燃烧,森林火灾较易发生。

防御指引

1. 有关部门要加强森林防火宣传教育。
2. 加强巡山护林和野外用火的监管工作。
3. 做好扑火救灾充分准备工作。
4. 进入林区,注意防火;在林内或林缘用火要做好防范措施,勿留火种、乱丢烟头。

十、森林火险预警信号

（二）森林火险橙色预警信号

图标：

含义：森林火险等级为四级。高度危险，林内可燃物容易燃烧，森林火灾容易发生，火势蔓延速度快。

防御指引

1. 进一步加强森林防火宣传教育。
2. 加大巡山护林力度，严格管制野外火源。
3. 做好扑火救灾充分准备，进入防火临战状态。
4. 在重点火险区要设卡布点，禁止带火种进山。
5. 在林内或林缘禁止户外用火，停止一切炼山作业。

（三）森林火险红色预警信号

图标：

含义：森林火险等级为五级。极度危险，林内可燃物极易燃烧，森林火灾极易发生，火势蔓延速度极快。

防御指引

1. 加强值班调度，密切注意林火信息动态。
2. 进入紧急防火状态，森林消防队伍要严阵以待。
3. 发布戒严通告，严禁一切野外用火。
4. 组织镇、村干部和护林员、林业公安员加强巡山护林，落实各项防范措施，在进入林区的主要路口设卡布点，严禁带火种进山，及时消除林火隐患。
5. 发生森林火灾时要及时、科学、安全扑救，确保人民群众生命财产安全。

附录 A 获取广东省突发气象灾害预警信号等气象服务产品主要渠道

公众可通过如下渠道免费获取：

1. "广东天气"微信
2. "广东天气"微博
3. 停课铃 APP
4. 天气短信
5. "12121"应急气象电话
6. 广东应急气象频道
7. 广东天气（http：//gd.weather.com.cn/）
8. 广东省气象局（http：//www.grmc.gov.cn/）
9. 广东省气象台（http：//www.gdmo.cn/）

附录 B 气象热线电话与急救电话

12121
拨打"12121"可进行天气预报查询。

110
"110"是报警求助电话,遇刑事、治安案件,个人无力解决的紧急危难、自然灾害等可拨打求助。

注意事项:

1. 在就近的地方抓紧时间报警,按民警的提示讲清报警求助的基本情况。

2. 报警后应在报警地等候,并与民警和"110"及时取得联系。

119
"119"是火灾报警电话,遇火灾或化学事故时可拨打求助。

注意事项:

1. 准确报出失火的地址。

2. 简要说明什么东西着火、火势大小、有没有人员被困等情况。

3. 打完电话后,在路口等候消防车。

120
"120"是医疗专业急救电话,自己或他人发生重伤、急症时可拨打求助。

注意事项:

1. 说清病人的性别、年龄,确切地址、联系电话。

2. 说清病人最突出、最典型的发病表现。

3. 约定具体的候车地点,准备接车。

附录 C 公共气象服务 天气图形符号

彩色符号	名称	彩色符号	名称
	晴（白天）		雷阵雨
	晴（夜晚）		雷电
	多云（白天）		冰雹
	多云（夜晚）		轻雾
	阴天		雾
	小雨		浓雾
	中雨		霾
	大雨		雨夹雪
	暴雨		小雪
	阵雨		中雪

续表

彩色符号	名称	彩色符号	名称
	大雪		9级风
	暴雪		10级风
	冻雨		11级风
	霜冻		12级及以上风
	4级风		台风
	5级风		浮尘
	6级风		扬沙
	7级风		沙尘暴
	8级风		

注：以上图标引自GB/T 22164—2008。